南亚国别林业

◎ 魏晓霞　翟洪波　编著

中国农业科学技术出版社

图书在版编目（CIP）数据

南亚国别林业／魏晓霞，翟洪波编著 . —北京：中国农业
科学技术出版社，2020. 4

ISBN 978-7-5116-4643-9

Ⅰ . ①南… Ⅱ . ①魏… ②翟… Ⅲ . ①林业经济-概况-
南亚 Ⅳ . ①F335. 062

中国版本图书馆 CIP 数据核字（2020）第 037412 号

责任编辑	崔改泵
责任校对	李向荣

出 版 者	中国农业科学技术出版社
	北京市中关村南大街 12 号　邮编：100081
电　　话	（010）82109194（出版中心）　（010）82109702（发行部）
	（010）82109709（读者服务部）
传　　真	（010）82106650
网　　址	http：//www.castp.cn
经 销 者	各地新华书店
印 刷 者	北京建宏印刷有限公司
开　　本	880mm×1 230mm　1/32
印　　张	2. 625
字　　数	63 千字
版　　次	2020 年 4 月第 1 版　2020 年 4 月第 1 次印刷
定　　价	50. 00 元

前　言

　　南亚是亚洲的一个亚区，南至印度洋，东濒孟加拉湾，西濒阿拉伯海，北达喜马拉雅山脉；地处北纬 0°～37°、东经60°～97°，南北和东西距离各约 3 100 千米。南亚国家共有 7个，尼泊尔、不丹为内陆国，印度、巴基斯坦、孟加拉国为临海国，斯里兰卡、马尔代夫为岛国。截至 2018 年年底，南亚地区人口 17.34 亿。

　　南亚以印度洋板块为主体，因海平面升起形成南亚次大陆及兴都库什地区。南亚地形分为三部分。北部是喜马拉雅山地，平均海拔超过 6 000 米，海拔 8 000 米以上的高山 14 座；尼泊尔与中国间的珠穆朗玛峰是世界最高峰；气候、土壤和植被的垂直变化显著。南亚中部为大平原（由印度河、恒河和布拉马普特拉河冲积而成），河网密布，灌渠众多，农业发达。南亚南部为德干高原和东西两侧的海岸平原；高原与海岸平原之间为东高止山脉和西高止山脉。

　　南亚大部分地区位于赤道以北和北纬 30°以南，以三种热带气候类型为主。马尔代夫、斯里兰卡岛的南部是热带雨林气候；印度西北部、巴基斯坦南部是热带沙漠气候；印度半岛、恒河平原、喜马拉雅山脉南麓是热带季风气候。在热带季风气候区，一年分热季（3—5 月）、雨季（6—10 月）和凉季（11月至翌年 2 月）。

　　南亚地区降水和植被差异较大。西高止山西侧，东部喜马

·1·

拉雅山南侧和阿萨姆地区，以及斯里兰卡岛大部，年降水量多在 2 000 毫米以上，为热带雨林区；德干高原大部年降水量为 1 000~2 000 毫米，树木为了减少热季蒸发，形成干季落叶林；德干高原内部和印度半岛西北部，年降水量为 500~1 000 毫米，多为灌木和草原植被；塔尔沙漠及其周围，雨量很少，为荒漠和半荒漠，仅生长稀疏草本植物和多刺灌木。

为配合中国"一带一路"倡议，积极服务中国林业"走出去"战略，本书分别介绍了南亚 6 国（因马尔代夫陆地面积仅 298 平方千米，是亚洲最小的国家，其国别林业在本书中未做介绍）的林业情况，以飨读者。

由于水平有限，加之时间仓促，书中不足之处在所难免，敬请批评指正。

作者
2020 年 1 月

目　录

第一章

印度林业

一、国家概况

印度共和国简称印度，位于南亚次大陆的印度半岛上，面积约 298 万平方千米（不包括中印边境我国藏南印占区和克什米尔印度实际控制区等）；国土面积居世界第七位；首都新德里。

印度是南亚次大陆面积最大的国家，与巴基斯坦、中国、尼泊尔、不丹、缅甸和孟加拉国为邻，濒临孟加拉湾和阿拉伯海，海岸线长 5 560 千米。印度全境分为德干高原和中央高原、平原及喜马拉雅山区等 3 个自然地理区；热带季风气候，气温因海拔高度不同而异，喜马拉雅山区年均气温 12～14℃，东部地区 26～29℃。一年分为凉季（10 月至翌年 3 月）、暑季（4—6 月）和雨季（7—9 月）三季。与中国时差 -2.5 小时。

印度人口为 13.26 亿，居世界第二位。印度是一个多民族国家，有 10 个大民族和几十个小民族，其中印度斯坦族占 46.3%，其他民族有泰卢固族、孟加拉族、马拉地族、泰米尔族等。约有 80.5% 的居民信奉印度教。

古印度人创造了光辉灿烂的古代文明，古印度的迦毗罗卫国（今尼泊尔境内）王子乔达摩·悉达多，即释迦牟尼，创立了世界三大宗教之一的佛教。1757 年印度沦为英殖民地，1947 年印巴分治，印度独立；1950 年印度共和国成立，为英联邦成员国，英语和印地语同为官方语言。印度行政区划中行政区域有 28 个邦、6 个联邦属地及 1 个国家首都辖区。

印度是金砖国家之一，在软件、金融等方面表现突出，印度是全球最大的非专利药出口国，侨汇世界第一。印度是世界上发展最快的国家之一，经济增长速度引人瞩目，但社会财富分配极不平衡，2/3 人口仍然直接或间接依靠农业维生，种姓制度等问题严重。

2018 年，印度人均 GDP 为 2016 美元。

二、林业概况

印度的森林状况由印度环境和森林部下属的森林测量所（FSI）依据卫星图像进行分析，每 2 年公布一次数据。FSI 将树木覆盖率 10% 以上、面积 1 公顷以上的林地定义为森林。

FSI 自 1987 年以来一直进行卫星数据分析，从分析结果看，印度的森林面积呈增长趋势，是亚洲国家中继中国之后森林面积增长较快的国家。

1. 森林及分布

印度国土辽阔，分布有热带雨林、干旱热带林、亚热带林、温带林、亚寒带林、红树林和稀树草原林等多种类型的森林。野生动物资源丰富，是分布于亚洲稀树草原林地带亚洲狮的唯一栖息地和保护国。史料记载，在公元前 3000 年，印度 90% 的国土被森林所覆盖。

印度政府发布的《印度 2009 年森林报告》称，在过去的 10 年，印度森林面积连年增加，森林每年净增 30 万公顷，全国森林面积达到 7 840 万公顷，占国土面积 24%，在全世界森林面积居第 10 位。该报告将印度森林划分为 7 种类型，其中热带湿润落叶林占森林总面积的 34%，热带干旱落叶林占 30%，喜马拉雅山区温带林占 11%，热带潮湿常绿林占 9%，亚热带松林占 6%，灌木林占 5%，其他占 5%。该报告称，印度森林吸收全国温室气体排放量的 11%。印度时任环境和森林部部长拉梅什在发布该报告时说，增加森林面积是印度努力缓解气候变化的中心战略。

印度森林分布很不均匀，大多集中在东北部地区、喜马拉雅山区和希瓦拉克地区、中部地区、安达曼尼科巴群岛、高止山脉东西两侧及沿海地带。特别是安达曼群岛森林覆盖率高达89%。从行政区划看，印度统计的50%以上的森林分布在中央邦、安德拉邦、奥里萨邦和马哈拉施特拉邦及印占的我国藏南地区。

按立地环境，印度森林可划分为16种类型。主要包括热带湿润常绿林，占森林总面积的8%；热带湿润落叶林，占37%；热带干旱落叶林，占29%；亚热带松林，占7%；湿润温带林，占7%；热带半常绿林，占4%；亚高山和高山林，占3%。

按功能划分：防护林约1 000万公顷，主要用于流域保护和生态脆弱区的水土保持；生产林约1 500万公顷，主要是满足工业、铁路和国防对林产品的需求；社区林约2 400万公顷，目的是满足社区居民，特别是部族和乡村贫民的日常生活需求；此外，还有大约1 500万公顷森林被划为保护区，用于生物多样性保护。印度绝大部分森林归政府所有，只有很少一部分归私人所有。

2. 林业产业

（1）木材生产

印度森林严重过伐。2015年，印度工业材需求量13 698万立方米，其中锯材、纸浆材、板材和原木的需求量分别达到5 497万立方米、4 109万立方米、2 555万立方米和1 535万立方米。目前，印度天然林采伐量已明显下降，未来的木材供应将主要依靠发展人工林来满足。

（2）薪材生产

在印度，薪材、农业废弃物和动物粪便是主要的生物质能源。乡村能源消费量的 90%~95% 是生物燃料，城市大约 43% 的能源也需要生物燃料来满足。全国能源消费总量的 50% 左右是薪材和木炭。

过去几十年来，由于人口和薪材消费量日益增加，印度对薪材的需求正以每年 0.5% 的速度增长。目前，由于薪材的日益短缺和其价格日益提高，在印度已形成了一个专门从事薪材采集、运输和销售的特殊行业。随着薪材需求量的日益增加，森林资源承受的压力将越来越大。同时，这也将进一步加剧森林的退化。

（3）非木质林产品生产

印度的非木质林产品资源十分丰富。其种类主要有：可食用植物；脂肪油，包括可食用油和非食用油；提取物，如树胶、松脂、树胶树脂、人造黄油树脂和种胶等；药材、香料和杀虫剂；鞣料和染料；纤维和木棉；竹藤；其他非木质林产品，如饲料、底板、包装材料、肥皂果、念珠等；蜂蜜、蜂蜡、丝、紫胶、象牙、角、兽皮等。

在印度，非木质林产品不仅是当地经济、文化的重要组成部分，还是林区居民生活用品和家庭收入的重要来源，以及饥荒季节的主要食物来源。同时，林产品生产为社会提供了大量的就业机会。印度有些地区非木质林产品生产水平很高，如安德拉邦、中央邦、马哈拉施特拉邦、奥里萨邦和东北 7 邦，这些地区每年的就业人数超过 200 万人次，其中大多数是妇女。林业部门从非木质林产品生产中获取的收益也稳步提高。目前，非木质林产品收入已占印度林业总收入的 40% 左右。

尽管非木质林产品是当地居民必不可少的生活来源，是林业部门的主要经济来源，为国家换取了大量外汇，但其开发并未得到规划者和决策者的足够重视。目前，印度非木质林产品生产面临的主要问题包括：非木质林产品资源日益退化，生产潜力低下；以不可持续的方式收获非木质林产品，造成对林木和生态环境的破坏等。

（4）木材加工

印度的木材加工企业数量众多，且大多为私人所有。每年用于木材加工业的原料消费量在3 000万立方米以上。产品包括锯材、单板、胶合板、纸浆、纸产品、镶木地板、屋顶板、木制玩具、体育用品、船只、手推车、乐器和铅笔等。目前，印度木材产品的需求量不断增加，但受原材料的限制，主要木材加工企业的生产量并没有呈现出明显的增长趋势。

①制材。印度90%的制材厂规模很小，生产能力和转化效率很低。生产的锯材主要用于建筑、箱材、细木工制品、家具及枕木等。目前，大部分制材厂采用空气干燥，仅有不到10%的制材厂是窑内烘干，进行保存处理的锯材占总量不足1%。

②人造板。印度主要生产3种类型的人造板：胶合板、纤维板和刨花板。由于原材料供应紧张、利用率低（胶合板利用率为50%，装饰性单板为41%，刨花板为42%，纤维板为60%），人造板生产能力严重不足。

③制浆造纸。印度纸产品的消费量约占世界总产量的1.2%，但人均纸张消费量仅为4千克左右，远远低于世界人均消费量，是亚太地区人均消费量最少的国家。

印度现有造纸厂大多规模较小，主要生产纸浆（包括人造纤维纸浆）和不同级别的纸张（如新闻纸、书写纸、打印纸和牛皮纸等）。大型造纸厂以木材和竹子为原料，小型工厂以稻草、废纸等为原料。目前，造纸工业因原料短缺而陷入困境，与纸产品需求的增长很不适应。为了促进造纸业的发展，印度正考虑采取区域经济合作、技术改造与工业人工林相结合等措施解决原料供给问题。

3. 木材供需

印度政府对柚木、红檀木等名贵树种有严格的保护和限制采伐政策，但木材消费不断增长。印度是木材和木质板材的净进口国，2018 年进口量超过 1.5 亿立方米。

印度进口木材主要来自马来西亚、缅甸、印度尼西亚、尼日利亚、加纳、加蓬、巴西、巴拿马、哥斯达黎加、新西兰和厄瓜多尔。

印度板材工业所需原料大多来自本国的人工林、农用林和天然林。人工林主要树种是桉树、杨树、木麻黄及合欢。柚木采伐由政府林业部门管理，并在林区仓库公开拍卖。私人木材往往也运到政府拍卖点销售。

三、政策法规

（一）政策

1. 政策发展

1894 年出台的"森林政策倡议"，是英国统治时期印度出台的第一个重要的森林政策。根据该政策，印度森林部门的目标是管理国有林，为公众服务；与森林相关的公共设施可以用来满足周边居民的需求，一定程度上收益可以共享，但没有提到共同管理。然而，这项政策并没有在实践中得到很好的执行。为了保护森林资源，很多农户的耕地被划进了保护区。

印度独立后，森林政策起初并没有太多的创新，一定程度上还是延续以前采伐木材支持工业发展之需的思路。因此，森林破坏造成的生态退化、环境问题、水土流失乃至整个农村经济恶化依然存在甚至加剧。

1952 年出台的"国家林业政策"加大了低价木材的供给和非木质林产品的供给，强调工业原料优先。新的国家森林政策加强了邦的权力，恶化了与村庄的关系；给出了森林的功能分类，分类中包括村庄林。但是该项政策强调不能损害国家利益，重点并不是改善农户生计。

1990 年，一个重要的、影响深远的森林政策"联合森林管理战略"启动。联合森林管理是指通过政府林业部门与当地村社签订协议，让当地村民参与国有林的经营管理活动，并分享森林收益的一种联合经营方式。

针对"联合森林管理战略"，印度政府于 2000 年出台了一个新的指导文件，以强化联合森林管理委员会的作用，同时强调妇女参与的重要性。2002 年，印度政府又补充完善了该指导文件，强调联合森林管理委员会的森林使用权，制定了短期和长期的发展路线图，划分了各方的责任和义务范围。

与联合森林管理政策相关的国家政策文件包括 1990 年的《国家联合森林管理方案》，1998 年的《联合森林管理项目成立的通知》，2000 年《联合森林管理项目网络的通知》，2002年《加强联合森林管理的指导意见》等，主要内容涵盖合作方式、生产经营、参与机制等。

联合森林管理的村级执行机构是森林保护委员会，村级森林保护委员会目标是森林保护（包括禁止非法采伐、放牧、环剥树皮，侵占林地，预防火灾等）、森林管理（包括退化森林恢复、苗圃管理等）、社会资助、公基金募集、罚款等违法处理、乡村发展（包括耕作经营、培训教育、基础卫生、替代能源、提供就业机会）等。

短短十几年，村级森林保护委员会的规模已经发展到 6 万多个，管理的林地面积从 1990 年的 1 000 多万公顷增加到 2010 年的 2 000 多万公顷，占全国林地面积的 20% 左右，在印度林业中占有举足轻重的地位。联合森林管理政策的实施取得了巨大进展，体现在森林保护委员会数量和管辖森林面积的大幅增加，为印度森林资源增长、保护和管理作出了巨大贡献。近年来，印度联合森林管理政策日趋完善。

2. 现行林业政策的特点及主要内容

（1）特点

印度现行林业政策强调 3 个目标：可持续性、效率和人民的参与。其特点是：①从政府制定和执行全国统一的林业政策转向鼓励各方特别是乡村社区，参与制定和执行林业政策，使林业发展与乡村发展相结合；②从制定孤立的林业政策转向制定同其他部门相互联结又相互作用的协同政策，使林业成为国民经济发展的重要有机组成部分；③将森林管理从单纯追求木材的持续产量转向可持续森林经营，从而全面发挥森林的社会、经济和生态效益；④寻求全球经济发展和环境保护的平衡。

（2）主要内容

印度现行林业政策主要包括以下 7 方面内容。

1）森林管理政策

根据印度宪法，1968 年以后森林由中央政府和各邦政府共同管理，林业的最高行政机构是环境和森林部，其职责是森林管理、野生动物保护、公害预防、环境评估等。

印度一级行政区域分为 28 个邦、6 个联邦属地及 1 个首都辖区，各邦政府一般都设有管理森林的林业局。林业局的名称、组织结构及业务等各邦有所不同，但一般是占邦议会多数的执政党议员作为负责人负责行政工作。印度是联邦制国家，森林管理等基本制度和理念是通用的；但各邦政府有其独立性，具体到每个邦的森林管理制度也各不相同。

长期以来，印度联邦政府一直依靠各邦政府提供各种资料来掌握全国的林业情况，但由于较落后的邦经常无法及时提供资料，有的邦甚至从未向中央政府提供必要的准确资料，因此，要想掌握全印度的森林管理和经营情况十分困难。

2）生物多样性保护政策

印度生物多样性十分丰富，目前在 10 个生物地理区已确认有 8.9 万种以上的动物种类和 4.6 万种以上的植物种类，有近 6 500 种乡土植物用于传统医疗。

在印度，大多数国民的粮食和生活依赖农业和林业，但这些产业容易受气候变化特别是水资源短缺的影响。当前大气层温室气体增加导致地球变暖引发的气候变化，给印度的生态系统和生物多样性带来很大威胁。

印度政府于 2007 年 5 月 7 日设立了气候变化影响专家委员会。由政府首席科学顾问任主席的专家委员会调查气候变化对印度的影响，制定未来应采取的对策。

为强调生物多样性保护和可持续利用的重要性，印度以生物安全、气候变化和生物燃料等为主题，大力开展环境教育，并着手制定"印度国家生物多样性行动计划"。但是印度生物多样性及其地理分布的数据不充分，在一定程度上制约了该项工作的开展。

3）野生动物保护政策

为保护野生生物，印度从 1936 年殖民地时期就设立了国家公园。目前，印度有 90 多个国家公园和近 500 个保护区，总面积超过 1 500 万公顷。中央政府和各邦林业局非常重视对国家公园和保护区的保护。

印度政府和邦政府合作，共同开展全国性的大规模野生生物保护运动，特别是对孟加拉虎、印度象和印度犀牛等的保护采取了多种措施。这些活动大都在世界自然基金会等非政府组织的协助下进行。此外，林业局归口管理动物园的珍稀物种繁殖业务。

4）森林的共同管理政策

各邦林业局根据环境和森林部 2000 年发布的"共同森林管理实施指南"，开展诸如共同森林管理委员会法律援助、鼓励妇女参与、扩大荒废地造林等活动，不断加强参与式森林管理。

在实际开展的共同森林管理活动中，各邦的名称和活动内容不尽相同，但大体上都是在邦林业局现场负责人的指导下成立管理林业的原住民*委员会（决定意愿的机构），委员会根据原住民的意愿制订活动计划。当活动计划获得林业局的批准后，根据计划开展造林、林产品利用、改善生计规划和监管违法行为等活动，林业局对原住民发起的活动给予资金和技术支持。原住民开展的这些活动得到了国内外非政府组织的广泛支持。

共同森林管理已在印度各邦实施多年，成为共同森林管理对象的森林面积，已达森林总面积的 30% 以上，仍呈上涨趋势。

5）利用林业脱贫政策

长期以来，印度面临的最大挑战是贫困。印度独立后，采

---

* 指当地村民。

取了许多措施摆脱贫困，处于贫困线以下的人口比例不断下降，但因总人口的增加，处于贫困线以下的绝对人口数量未见明显减少。印度赤贫人口数以亿计，他们大多居住在农村。

林业属于劳动密集型产业，在脱贫和扩大就业中一直发挥重要作用。印度现有森林绝大部分为国有林，采伐、更新、保护等森林经营活动对扩大农村就业意义重大。

6）林业扶植政策

1988 年，印度国家林业政策确定了将森林覆盖率提高到 33% 的目标，同时强调发展荒山农户造林。目前，许多邦政府正以各种社会福利计划的名义，把大量的国有荒地长期租给农民或合作组织用于种植林木。1986 年印度成立了林木培育者合作社联盟，它既不是政府机构，也不是私人公司，其任务是组织农民开展造林。现在印度的古吉拉特邦、中央邦、奥里萨邦、卡纳塔克邦、拉贾斯坦邦及北方邦都设置了林木培育者合作社联盟机构。为鼓励私人造林，林木培育者合作社联盟还通过国内、国际赞助机构，对符合一定要求的荒地造林者给予约 1.5 万美元的一次性资助。

近年来，印度虽然加快了造林步伐，并鼓励农户造林，但由于缺少足够的资金，全国人工造林速度仍然非常缓慢，要实现森林覆盖率提高到 33% 的奋斗目标，仍然任重道远。

7）社会林业政策

印度是开展社会林业最早的几个国家之一。印度自 1973 年正式执行社会林业计划以来，社会林业已在全国范围内全面展开。印度政府十分重视社会林业，将其作为乡村发展的重要组成部分和国民经济总体发展规划的重点工作之一。目前，印度各级林业部门都建立了相应的社会林业管理部门，负责贯彻执行有关的社会林业方针政策；协调林业部门与其他政府部门、社会团体之间的关系。同时，印度极为重视引进外资开展社会林业，世界银行、国际开发署、英国海外发展署等机构均为印度社会林业的开展提供了大量资助。

联合森林管理是印度最重要的社会林业形式，已成为印度森林经营的一大特点。自 1990 年印度林业立法确定该政策以来，全国绝大部分邦通过政府立法，宣布采用联合森林管理方式管理国有林。同时，印度还建立了一个全国性的联合森林管理网络，负责相关信息的交流与传播。

在保护区内，虽然禁止实施联合森林管理，但引入了生态开发这一社会林业形式。生态开发的基本目标是最大限度地降低保护区对当地居民生产、生活的影响，通过一系列有益于当地居民的开发活动，如保护区外薪材和饲料的培育、牲畜疫苗接种、人才培训、在保护区外为牲畜和动物提供饮用水等，使当地居民的利益与保护区的利益相结合，以减轻当地居民与保护区之间的冲突。这些开发活动与保护野生动植物的目标是一致的，因此，生态开发不仅有利于减轻当地居民的贫困，也有利于加强野生动植物的保护。

印度通过实施联合森林管理等社会林业政策，促进了社区居民在森林资源管理中的广泛参与，拓宽了解决森林资源利用与保护之间各种冲突的可能性，在一定程度上减轻了森林的压力。

（二）法规

在早期殖民年代，印度的森林法律由英国东印度公司制定。当时，德国在森林管理方面居领先地位，在德国专家的帮助下，英属印度皇家林业部于 1864 年建立。1865 年，经英国政府批准，印度的第一个有关森林的法律《政府森林法》产生了。该法律是国家垄断森林的首次尝试，主要内容包括树木保护、森林防火、限制在林地耕作和放牧等。该立法确立了国家对森林的所有权。

1878 年，《印度森林法》取代了此前的《政府森林法》。该法案更多关注商品林，个人的产权仅局限于耕地，不允许个人在林地上采集、放牧、临时耕作。根据此法案，所有没有登记注册的土地，除非连年耕作或永久居住，否则均被划定为林地，并在各邦建立了森林管理部门。该法案主要目的是维持国家对森林开发的严格控制权。

1927 年，《印度森林法案》出台，旨在加强对森林资源的管理。该法案将森林分为 3 类，即保留地、保护地和村庄地。对于村庄地，该法案规定了村民参与造林和管护的权利和义务，但实施效果并不理想。

1980 年，印度出台了《森林保护法》，该法案赋予森林管理部门将林地转为非林地的审批权。该法更多体现的是强制性，缺乏社区参与和沟通。

1984 年，拉吉夫·甘地担任总理，印度林业开始进入一个全新的发展阶段。1985 年，甘地提议成立国家荒地开发委员会，每年造林 50 万公顷，倡导开展群众造林运动，并提出发展林业的 6 项具体措施。1985 年，印度在环境与林业部下成立荒地开发局，负责林业相关工作。

1988 年，印度出台《森林法案修正案》，该法案强调维护环境的稳定和生态平衡；森林的主要作用不再是满足商业开发，而是保护土壤和环境；要求通过社会和农场进行植树造林，满足当地居民对薪材、小木材、饲料等的需求。

2006 年，印度出台《森林权利法》，该法案是印度林业发展的里程碑。根据该法案，政府在很大程度上对原住民让渡出了森林管理权，允许村民在村庄附近采集、使用、处置林产品，按照传统的方式可持续利用森林，但同时要求保护环境，保持生态平衡。此外，加强村议会和村委会的权利，使村民不仅有保护森林的义务，也拥有依靠森林改善生计的权利。

2010 年，印度出台了《国家绿色裁决法》，该法案主要是为了规范和有效处置涉及环境损害及补偿等方面的案件，有利于环境、森林和其他自然资源的保护。

四、生态压力

印度是世界第 4 大温室气体排放国，和其他主要发展中国家一样，正面临着越来越大的压力。2008 年 6 月 30 日，印度政府公布了旨在应对全球气候变化的国家行动计划，其中目标之一就是促进人工造林。

印度目前大约有 650 万公顷的退化林地和荒地。这些土地资源几乎不创造任何价值。森林火灾是影响森林更新并导致森林衰退的重要原因之一。全国 55% 的森林受到森林火灾的影响，其中 9% 的森林经常发生火灾。印度 90% 以上的森林火灾源于人为因素。

印度是荒漠化较为严重的国家之一。印度干旱和半干旱地区涉及 8 个邦，但 90% 的热荒漠分布于印度的西北地区。印度拉贾斯坦邦有一个世界上人口最稠密的荒漠，环境退化特别严重。近 50 年来，拉贾斯坦沙漠每年以半英里*左右的速度，呈巨大的弓形向外扩展。

印度环境保护立法较早，早在 1972 年印度就颁布了《野生动物保护法》。印度政府还对老虎、大象和犀牛实施了专项

---

*　1 英里≈1.61 千米。

保护。然而，由于人口快速增长，相关邦政府不得不允许农民在森林和动物迁徙走廊地区开垦荒地，造成原本属于野生动物的栖息地被大面积侵占，导致人类生存和野生动物保护的矛盾日益突出。

例如，由于人类过度砍伐森林，大象的栖息地日益减小，造成大象无法自由迁徙。为了生存，野象群经常闯入人类居住的区域寻找食物。近年来，人象之争在印度北部特别是东北部地区已经愈演愈烈。阿萨姆邦有 5 000 多头野生大象，是人象冲突最剧烈的地区，过去五年来共有近 300 名农民死于与大象的冲突。为了驱赶野象，印度一些地方的农民使用了鞭炮、电网、毒药、辣椒粉、老虎粪、高音喇叭等各种招数，但都不能奏效。如何解决日益增多的人象冲突，已经成为印度政府迫切需要思考和解决的问题。

五、生物多样性

印度是世界上 12 个生物多样性最丰富的地区之一。据估计，植物种类有 4.5 万种以上，约占世界植物种类的 7%，其中包括开花植物 1.6 万种（约 30% 为特有种）、裸子植物 64 种、苔藓植物 2 843 种、蕨类植物 1 012 种、地衣 1 940 种、藻类 1.25 万种和真菌 2.3 万种；动物种类约有 8.1 万种，约占世界 6.4%，其中哺乳动物 372 种、鸟类 1 228 种、爬行动物 428 种、两栖动物 204 种、鱼类 2 546 种、软体动物 5 000 种和昆虫 5.7 万种。同时，印度也是世界 12 个栽培植物起源国之一，全国各地有野生作物几百种。

但是，在过去的几个世纪中，印度的生物多样性遭到严重破坏，其主要原因是薪炭材和饲料的巨大需求、林地的占用及森林过度采伐等。目前，印度有 27 种哺乳动物和 800 多种植物正濒临灭绝。尤其是近年来，由于人口和牲畜日益增加，对自然环境构成的压力日趋沉重。此外，由于栖息地减少、偷猎、非法动植物贸易及基因资源的破坏，一些物种已陷于危险的境地。

为遏制生态恶化的总体趋势，印度逐步建立起庞大的保护区网络。这些保护网络包括自然保护区、国家公园等。

例如印度纳姆达夫国家森林公园，该公园位于印度东北部，靠近缅甸边境，也是老虎自然保护区，保护区占地1 985平方千米，是印度东北部最大的国家公园，是全印度最大的自然保护区，是印度在东北7个邦中最早建立的国家公园之一。

纳姆达夫保护区海拔200~4 500米，气候垂直分布明显，生物多样性丰富，有150多种树木；75种陆地哺乳动物（全印度135种）；是世界上唯一的四种猫科动物——老虎、豹、雪豹、云豹并存的保护区；是山羚羊、鹿类、猿类、飞鼠、大印度犀鸟、白翼林鸭等动物的重要栖息地。

印度目前拥有世界上最多的濒危野生虎；约70%的幸存野生虎出没于印度各地诸多的自然保护区中。经过多年不懈努力，保护区中老虎的数量正在增加。

六、生态建设

植树造林是印度生态建设的重要组成部分。印度于1950年7月举行第一次全国植树节活动，1951年以后确定每年7月的第一周为植树节。

印度人工林面积为3 200万公顷，占世界人工林17%，仅次于中国，居世界第2位。人工林主要树种中桉树面积占25%，合欢占20%，柚木占8%。

世界柚木人工林为570万公顷，印度占43%；世界现有竹林1 800万公顷，其中印度竹林896万公顷。印度竹林35%用于制浆造纸，65%为其他用途。

印度竹林主要分布在东北部各邦、中央邦、奥里萨邦、安得拉邦和卡纳塔克邦。

印度是世界上使用竹材造纸最多的国家。全国的造纸厂中有一半以上利用竹子做原料，竹材在造纸原料中比例高达45%~60%。

大气中20%的二氧化碳由毁林造成。为有效遏制气候变化，造林和保护森林十分必要。目前，印度每年植树造林100万~150万公顷。印度要实现森林覆盖率提高到33%的目标，在不毁林的条件下，20年内每年必须造林300万公顷。

印度是继美国和中国之后世界第三大能源消费国。印度已经实行对天然林的保护，如果能大规模发展人工林，努力提高森林生产力，有利于扩大林地面积和减少木材进口，逐步走上林业可持续发展的道路。

此外，印度还应大量种植竹林，以满足贫民建房的需求。竹藤还可以用来生产家具和工艺品，增加国家的外汇收入。

印度花卉种植面积超过10万公顷，国内花卉消费正以每年25%的速度增长，首都新德里更是以每年40%的速度增长。近年来印度经济快速发展，其国内花卉消费潜力巨大。

印度自1994年加入《联合国防治荒漠化公约》以来，举全国之力进行荒漠化治理。印度建立了国家级的荒漠化防治机构、人才培训机构和技术推广服务机构；健全土地使用政策及监督机制；在技术上，建立科学的土地荒漠化监测及预警机制，提出了因地制宜的土地利用规划及具体防治措施，取得了良好效果。

第二章

巴基斯坦林业

一、国家概况

巴基斯坦伊斯兰共和国简称巴基斯坦，位于南亚次大陆西北部。东接印度，东北邻中国，西北与阿富汗交界，西邻伊朗，南濒阿拉伯海，海岸线长980千米。首都伊斯兰堡，前首都卡拉奇是最大城市。国土面积88万平方千米（包括巴控克什米尔地区），全国人口2.08亿。

巴基斯坦全境3/5为山区和丘陵，南部沿海一带为沙漠，向北延伸则是连绵的高原牧场和沃土良田。全国最高峰乔戈里峰，海拔8 611米。源自中国的印度河进入巴境后，自北向南，长驱2 300千米，最后注入阿拉伯海。巴基斯坦地势西北高东南低，北有喜马拉雅山脉，西北有兴都库什山脉，东部为印度河中下游冲积平原，东南为塔尔沙漠的一部分。

巴基斯坦东部地区地势低平多河流三角洲与沼泽，属亚热带季风气候，湿热多雨；西部地区主要是山地与高原，属亚热带草原和沙漠气候；南部属热带气候，受季风影响，雨季较长；北部地区干燥寒冷，部分地区终年积雪。巴基斯坦大部分地区属于热带干旱与半干旱气候，降水量低于250毫米的地区占全国面积的60%。印度河纵贯巴基斯坦东半部，为干旱地区提供了灌溉水源。全国年平均气温27℃。

巴基斯坦是经济快速增长的发展中国家，也是世界贸易组织、伊斯兰会议组织、77国集团、不结盟运动、上海合作组织和英联邦成员国。

巴基斯坦曾是英属印度的一部分，1947年独立，国体为联邦制，由俾路支省、西北边境省、旁遮普省和信德省4个联邦组成，各省下设专区、县、乡、村。巴基斯坦是多民族、多宗教国家，主要民族有遮普族、俾路支族、普什图族、信德族等。巴基斯坦 95%以上的居民信奉伊斯兰教，少数信奉基督教、印度教和锡克教等。国语为乌尔都语，英语是官方语言。

巴基斯坦主要矿产资源有天然气、石油、煤、铁、铝土、铬、大理石和宝石等。农业产值占国内生产总值的 24%，农业人口约占全国人口的 67%，主要农产品有小麦、水稻、棉花、甘蔗等。工业部门包括棉纺、制糖、造纸、烟草、制革、机器制造、化肥、水泥、电力、天然气、石油等。

2018 年，巴基斯坦人均 GDP 为 1 473 美元。

二、林业概况

（一）森林资源

2015 年，巴基斯坦森林覆盖率约为 1.9%。森林蓄积量 1.35 亿立方米，其中针叶林蓄积量 1.13 亿立方米，阔叶林蓄积量 0.22 亿立方米，单位面积森林蓄积量 92 立方米/公顷。森林地上生物质量为 2.72 亿吨，地下生物质量约为 0.98 亿吨。地上碳储量约为 1.28 亿吨，地下碳储量约 0.46 亿吨（FAO，2015）。

1990 年，巴基斯坦森林面积 252.7 万公顷，2015 年森林面积 147.2 万公顷，25 年间巴基斯坦森林资源减少了 42%，平均每年减少 2.1%（FAO，2015）。活立木蓄积量从 1990 年的 2.61 亿立方米减少至 2015 年的 1.35 亿立方米。森林资源减少的主要原因是人口激增和毁林。

巴基斯坦森林种类繁多，包括红树林、海岸沼泽林、热带干旱落叶林、热带旱生林、亚热带常绿阔叶林、亚热带松林、喜马拉雅湿润温带林、喜马拉雅干旱温带林、亚高山林和高山灌丛等。

按森林用途划分，巴基斯坦生产林面积 47.1 万公顷，占全国森林面积的 33%；多种用途林面积 78.5 万公顷，占全国森林面积的 53.3%；生物多样性保护林 21.6 万公顷，占13.7%（FAO，2015）。现有森林中，约有 32% 是为满足木材需求和薪柴供给的生计林。

按权属结构划分，巴基斯坦的森林分为国有林和私有林。国有林面积 344 万公顷，占森林面积的 81.5%；私有林面积 78.1 万公顷，约占森林面积的 18.5%。随着农用地造林的推广，私有林的比重呈逐渐增加趋势（FAO，2007）。

（二）森林经营

在巴基斯坦，国有林与私有林在经营过程中都需要制定可持续经营方案。居民采伐利用木材与薪柴，并将其出售获得收入，这是森林经营的主要模式。巴基斯坦政府十分重视薪柴采伐对森林造成的影响，主要通过禁伐与造林两种措施改善森林状况。

1. 森林采伐

巴基斯坦国有林采伐主要满足国内对工业木材与薪材的需求，受到严格的采伐控制。在国有林区，林业官员根据森林生长情况推算采伐量。禁止对灌木林（集水区与野生动物生境）进行商业采伐，但允许当地居民对部分灌木林进行可持续采伐与放牧。自 1993 年 10 月，在全国范围内实行了为期两年的森林采伐禁令，并对滥砍滥伐的违法行为处以罚款；一旦发现违法行为，将所得木材与工具一并没收。各省政府均根据法案制定了实施方案，对森林砍伐行为进行监管。

2. 人工造林

在巴基斯坦的木材总消费量中，薪材一直占90%以上；在家庭燃料用材中，林业部门所管理的森林供给仅占 6%，其余由私有农地林供给。巴基斯坦薪柴供应一直很紧张，特别是在干旱和半干旱地区。由于采伐薪炭材造成森林退化的面积占到巴基斯坦森林退化总面积的 84%。

为了缓解森林面积急剧减少、森林持续退化的不利形势，巴基斯坦环境部呼吁群众共同参与植树造林，鼓励利用农田植树。从 20 世纪 70 年代后期开始，为加强造林工作，政府规定一年开展两次植树周活动，一次在春季，另一次在秋节。巴基斯坦通过实施各种社会林业和流域治理项目，鼓励农民在农田上种树，不断扩大农用地造林面积。在社会林业项目中，实施提供苗木、补贴种植费、公平收益等一系列富有吸引力的措施；同时，鼓励占人口 50% 的妇女参与植树；将森林经营与农业、畜牧业等结合起来开展综合经营，从而增加收益，改善生计。

经过多年不懈努力，巴基斯坦农田林逐步增加。仅在 1997 年，巴基斯坦就在农田上种植了 2.4 亿株树，成活率为 63%～81%。农田林已经从 1992 年的平均每公顷 20.5 株增加到 2004 年的 25 株。截至 2004 年，经过十年的造林，巴基斯坦农田林立木蓄积量增加了 3.86%。

（三）其他

1. 森林防火

森林火灾在巴基斯坦十分频繁。2000 年，巴基斯坦受火灾影响的森林面积达 4.99 万公顷。2007 年，巴基斯坦出台了《国家灾害风险管理框架》，明确将巴基斯坦北部确定为森林火灾敏感地区，制定了国家灾害风险管理整体战略，将火灾防控机构列入管理部门，开始实施减缓社区森林火灾风险等级项目，持续加强森林火险防控培训。

2. 森林固碳

随着全球变暖，巴基斯坦北部和西北部山区冰雪加速融化，巴基斯坦越发重视森林的固碳作用。

作为《联合国气候变化框架公约》的缔约方，巴基斯坦在《国家森林政策（2015）》中规定，巴基斯坦政府应确保按照国际公约，履行 REDD+计划的措施；而从 REDD+项目当中所获得的利益，应全部转化为林地所有者及相关权利者所有。

三、森林生态系统

按森林起源划分，巴基斯坦的森林可划分为天然林和人工林两大系统。

天然林以天然次生林为主，面积约 111 万公顷，占森林面积的 75.4%；人工林面积约 36.2 万公顷，占 24.6%。

（一）天然林

巴基斯坦天然林主要包括阔叶林和针叶林。

1. 阔叶林

（1）海岸林

主要是沿印度河口的红树林，总面积约 35 万公顷。这些森林林相残破，树种稀少，在人们能进入的地区，大量森林被作为薪材而采伐，形成大片灌木林。树叶也被作为饲料加以利用。在人们无法进入的地区，林木可以长到十几米，大都无生产价值，只有少量可用作薪材和畜牧饲料。

（2）高山林

生长在海拔 1 500 米以上的高山，小片分布，大都是成、过熟林，个别树可长得很大。常见树种有栎类、核桃、板栗、赤杨、枫树、桦树、杨树等。

（3）稀疏阔叶林

面积约 30 万公顷，主要分布在印度河和其他河流两岸，受季节性洪水的影响。由于水土流失和泥沙沉积，绝大多数林地生产能力都很低。主要树种为相思和杨树，主要用作薪材。在信德省，相思树也是重要的矿柱材。

2. 针叶林

针叶林是巴基斯坦最重要的商品林，可分为三类。

（1）低海拔针叶林

生长在海拔 900~1 650米的山坡上，主要树种为乔松、喜马拉雅长叶松，可长到 25~35 米，栎树和其他阔叶树也偶生其间。

（2）高海拔林

生长在温带地区海拔 1 650~3 000米的高山陡坡上，平均坡度 75°，许多坡度低于 60°的山地已被改作农用梯田。主要商品树种为云冷杉和松柏类。由于巴基斯坦采用择伐方式，轮伐期也很长，林木径级一般都很大。

（3）高山林

生长在海拔 2 850~3 600米的高山，属针阔混交林。主要树种有冷杉、松树、白桦和杜鹃，生长缓慢，林分蓄积量低。

（二）人工林

巴基斯坦人工林类型主要有灌溉人工林、农用林、带状人工林（道路、水陆沿线种植的树木）等。

巴基斯坦营造人工林的历史可追溯到 1866 年。当时主要是为火车蒸汽机车生产薪材。发现煤以后，这些人工林主要被用作城市居民的薪材、生产家具和体育用品材。巴基斯坦属于半干旱地区，必须通过水渠网对人工林进行灌溉，所以这些人工林又被称为"灌溉人工林"。人工林均匀地分布在全国各地，每片人工林面积 200～10 000 公顷，总面积已达 36 万公顷。

巴基斯坦的人工林也包括沿公路、铁路、灌渠两侧的护路林或护渠林，其宽度 1～5 行不等，主要树种有印度黄檀、相思、桑树等。这些人工林均归巴基斯坦林业部门所有和管理。

四、政策法规

（一）林业政策

巴基斯坦的林业政策一直以来都是作为国家农业政策的一部分。由环境部编制了第一部独立的《国家森林政策（2010）》，该政策涵盖森林管理、流域管理、牧场以及野生动物保护等，旨在建立可再生资源的保护机制，通过所有机构和利益相关者的参与，消除导致可再生自然资源枯竭的不利因素，保护、开发和持续利用可再生自然资源。该政策确立了森林可持续管理的基本原则，鼓励开发非木质林产品，支持各省林业管理部门加强与各利益相关方的合作，共同应对环境恶化的挑战。

2015 年，国家气候变化部出台了《国家森林政策（2015）》，旨在从全国角度出发，协调各联邦直辖地区应对气候变化带来的不利影响。提出七大政策目标：①提高公众对森林经济、社会、生态和文化价值的认识；②实施国家级大规模造林项目，扩大森林面积，增加森林覆盖率；③通过调节木材流通特别是各省之间的木材流通管控森林采伐；④建立生态走廊和加强保护区管理；⑤减少能源和经济部门实施项目的碳足迹；⑥细化执行生物多样性保护和气候变化框架公约中与林业相关的协定；⑦加强森林科学研究工作。

巴基斯坦计划委员会于 2008 年制定了《巴基斯坦国家展望（2030 年）》，提出了林业的发展目标：到 2030 年，实现森林及相关自然资源的有效管理，充分发挥其生物多样性的潜能，实现社会可持续发展，在满足木材需求的同时保护生态环境。《巴基斯坦国家展望（2030 年）》将林业发展计划分为森林管理、商业林业、环境林业、参与式林业、林业政策与法律5 个部分，并分别制定了发展目标。

（二）林业法规

巴基斯坦森林治理与林业管理始于 19 世纪。1896 年，时值英国对印度和巴基斯坦的殖民时代，英国政府委任了第一位林业总检察长。从此以后一直到巴基斯坦独立，林业均由各省独立管理。根据 1973 年的《巴基斯坦伊斯兰共和国宪法》和该宪法 2010 年的修订版，林业依然主要由省级政府管理。

现行与林业相关的法律分为联邦法律与地方法律两大部分。其中，联邦法律有《森林法》《环境保护法》《禁止任意砍伐树木法》《植物检疫法》等；各地方法律由省环境部门制定，林业大省旁遮普省及西北边境省立法较多，如《旁遮普省森林法》《旁遮普省造林营林法》《旁遮普林木销售法》《西北边境省森林条例》《西北边境省保护林管理条例》《哈扎拉森林法》与《西北边境省林务官员权力、责任和报酬条例》等。主要林业法律法规包括：

1.《森林法》

巴基斯坦议会颁布的第一部《森林法》，于 1947 年正式实施。该法案规定国家拥有将任何林地与荒地划定为保护区的权力，对保护林的认定与管理、非政府管控林地的保护与管理、木材及其他林产品的税收、木材及其他林产品的运输监管等做出了规定。在联邦《森林法》的基础上，各地方可以制定法律及管理条例，对其森林资源进行管理。

2.《禁止任意砍伐树木法》

巴基斯坦境内森林滥伐情况严重，在 1975 年出台的《禁止森林砍伐》的基础上，1992 年出台了《禁止任意砍伐法》，各省政府也制定了具体法律法规。该法禁止任何未经批准的树木砍伐，违反者将被处以 5 000 卢比（Ⅰ类区域）或 2 000 卢比（Ⅱ类区域）的罚款，并没收所获木材及采伐工具。各级地方政府可以根据法律规定，制定相应的实施办法或条例。

3.《西北边境省森林条例》

该条例由西北边境省于 2002 年出台，旨在加强森林和自然资源的保护、管理，完善自然资源监测机制，在保证生物多样性的前提下不断提高森林生产力，实现可持续发展。该条例规范了储备林、保护林的建立与管理，通过设立处罚条款，加强了对该省边界地区公有林的保护。该条例还鼓励当地社区参与制定可持续的森林经营方案。

五、生物多样性

巴基斯坦境内海拔高度差很大，特殊的地理因素造就了丰富的生物多样性。然而，由于人口压力不断增大、自然资源信息统计能力欠缺、缺少资源保护协作机制等诸多因素，导致其生物多样性遭到严重破坏。

20 世纪后期，巴基斯坦逐渐开始重视生物多样性保护。

1973 年，巴基斯坦签署《濒危野生动植物种国际贸易公约》，设立了全国野生生物保护理事会；1992 年签署《生物多样性公约》，按照《1992 林业部门总体规划》制定了水土保持、流域开发、木材生产以及生物多样性保护计划。1999 年，在世界自然保护联盟（IUCN）、世界自然基金会（WWF）的技术支持与世界银行、GEF 的资金资助下，出台《生物多样性行动计划》，范围涵盖阿拉伯海沿岸的红树林、西部的喜马拉雅山区，通过建立野生动物保护区，在三角洲地区补植林木、开展红树林等资源保护项目，保护国内珍稀濒危的动植物资源。根据 2012 年的统计结果，巴基斯坦已建立 26 个国家森林公园，109 个野生动物繁殖区，97 个野生动物避难所，4 个野生动物保护区（WWF-Pakistan，2012）。

巴基斯坦的湿地保护由环境保护部负责，全国野生生物保护理事会协同落实。由于流域管理不在地方政府职责管理之内，以信德省为代表的各省均将水域资源交由当地农民自主管理，只有西北边境省在其保护林管理计划中强调对水域资源进行保护。

1976 年，巴基斯坦签署加入国际湿地公约，在公约要求下加快了制定国家湿地政策的步伐，拟定了"明智利用"的管理理念。2000 年，巴基斯坦出台第一个《湿地行动计划》，然而由于缺乏务实的政策框架和深入地方的有力措施，湿地环境并未发生实质改善。2009 年，巴基斯坦环境部拟定《国家湿地政策》，指导全国湿地保护行动，制定了 7 个方面的行动原则，包括水土治理与可持续利用，加强可持续利用与保护机制建设，推动组织机构及国际（区域）合作，加强科学研究、数据管理及价值评估，加强可持续管理能力建设，加强对公众、政府部门及决策层的宣传，保障融资机制运行等。该政策在全国野生生物保护理事会内建立国家湿地咨询委员会，并在地方建立管理理事会，以巩固与地方机构的协同合作，用实际行动提高全国湿地的生物多样性。

六、生态建设

为改善生态环境，巴基斯坦政府每年发起春秋两次植树造林活动。为应对气候变化，巴基斯坦正在实施增加 100 亿棵树的造林计划。

巴基斯坦除北部印度河上游雨量尚丰沛外，从西北到西南年降水量仅有 120 毫米。为了在降水量 250~500 毫米的地区造林，并保持永续利用，巴基斯坦主要通过营造灌溉林、河滩林、护路林等开展林业生态建设。

1. 灌溉林

为了有效利用降水，在种植地及周围，围造类似水田的田畦。营造的基本方法是平整土地、开设水渠，如 20 公顷一个区，设 6~12 条水渠，在 4—9 月的降水期供水，株行距多为 1.8 米×3 米，因树种而异。造林以耐旱和乡土树种为主，如印度黄檀、桑、杨、柳、桉等。

2. 河滩林

为了防治洪水、灌溉农田，巴基斯坦在主要河流的河滩上造林，目前已初具规模。巴基斯坦沿印度河主流建设河滩林，主要树种有阿拉伯相思、穗兰牧豆、柽柳和杨等。

3. 护路林

在雨量少的地区，沿公路、铁路、村道种植护路林，间距 3 米。在古季兰伐拉至白沙瓦的路旁，均种植了桉树。

4. 农场林

巴基斯坦目前种植的农场林主要是为了提高农户收入。在一部分农地上造林，既可生产农作物，又可补充薪材和生产木材的不足。农场林主要有两种，一是农用林，二是工业用林。农用林可以在夏季防暑降温，抵御 4—10 月的风沙，还有防御寒风灾害和霜害的作用。树种主要是胡杨。

5. 红树林

在卡拉奇郊外的半沙漠地区，仅有少部分热带刺灌林，主要用作薪炭林，目前刺灌丛已采伐殆尽。为解决卡拉奇市民的燃料供给问题，当地正在实施营造红树林，90%的造林树种是白骨壤，其他大多是角果木。

在生态建设过程中，巴基斯坦还试种了金合欢、印度楝等树种。此外，在干旱、半干旱地区营造能源林时，巴基斯坦还种植了金环相思、扭枝金合欢、印度楠、赤桉、细叶桉、白头银合欢等。

巴基斯坦干旱、半干旱区总面积约 7 000 万公顷，其中包括 1 100 万公顷的沙漠和海岸带。在半干旱区，荒漠化日益成为困扰农业和畜牧业发展的严重问题，导致荒漠化的主要原因包括水土流失、土地盐碱化、内涝和洪水等。巴基斯坦于 2002 年加入了《联合国防治荒漠化公约》后，开始逐步加强对水土流失的治理，主要途径包括实行土地可持续管理，调整土地利用结构和方式，合理利用土地；加强防护林营造，引进外来物种加速植被覆盖以固定流沙；引入地理信息系统等土地监测技术；在受灾区域重点研究土地退化的成因，积极推出水土保持、退化土地恢复等应对策略；注重发挥社区在生态建设中的积极作用等。

第三章

尼泊尔林业

一、国家概况

尼泊尔联邦民主共和国简称尼泊尔，首都加德满都，是南亚内陆多山国家，位于喜马拉雅山南麓。北邻中国，其余三面与印度接壤。喜马拉雅山脉是中国和尼泊尔的天然国界。包括珠峰在内，世界十大高峰有八座在中尼边境。

尼泊尔总面积 14.7 万平方千米，包括 7 个省。2016 年，尼泊尔总人口 2 898 万。尼泊尔是多民族、多宗教、多种姓、多语言国家。居民中 86% 信奉印度教，8% 信奉佛教，4% 信奉伊斯兰教，2% 信奉其他宗教。

尼泊尔地势北高南低，海拔 1 000 米以上的土地占总面积近一半。东、西、北三面多高山；中部河谷区，多丘陵；南部是冲积平原，分布着森林和草原。

尼泊尔气候分两季，10 月至翌年 3 月是干季（冬季），雨量极少，早晚温差较大；4—9 月是雨季（夏季），由于雨量丰沛，经常洪水泛滥成灾。

全国分北部高山、中部温带和南部亚热带 3 个气候区。北部为高寒山区，终年积雪，冬季最低气温为 -41℃；中部河谷地区气候温和，四季如春；南部平原常年炎热，夏季最高气温可达 45℃。

尼泊尔是农业国家，经济落后，是世界上最不发达国家之一，2018 年人均 GDP 仅为 1026 美元，南亚最低。

二、林业概况

（一）主管部门

森林和土壤保护部是尼泊尔林业的最高主管部门，全面负责林业行政管理和政策的制定实施等工作。森林和土壤保护部下设 8 个林业主管部门，其中森林司最大。

（二）森林资源及分类

尼泊尔森林和灌木总面积 583 万公顷，占国土总面积的 39.6%。尼泊尔有 35 种主要森林类型和 75 个植被类型，主要树种包括娑罗双树、栎树、榄仁树、喜马拉雅长叶松、喜马拉雅冷杉、杜鹃、尼泊尔桤木、西南荷木、云南铁杉等。根据尼泊尔最近一次国家森林清查（NFI）数据，全国森林立木材积 3.9 亿立方米，茎、枝和叶的总生物量为 4.3 亿吨（自然干燥）。全国平均立木材积 178 立方米/公顷，每公顷平均 408 株，平均胸径约 10 厘米。

天然林中，59% 是阔叶林，17% 是针叶林，24% 是混交林。在山区，大多数可及森林的面积小且分散，其主要功能是为农民提供饲料、薪材和建筑用材。

（三）林业产业

1. 森林能源（薪材）

尼泊尔迄今尚未发现有商业价值的石油、煤或天然气贮藏。因此，来自森林的薪材成为家庭消费的主要能源，薪材消费中大约有 80% 来自国有林，其余来自私有人工林。为了减轻森林的压力，政府已着手开发替代能源，如沼气、太阳能、风能等。

未来中山区和希瓦拉克地区的家庭薪材消费量将持续增加；高山区和喜马拉雅地区由于人口迁出，其消费量将减少；南部平原区由于人口大量迁入其消费量将持续增加。

2. 木材工业

尼泊尔的木材收获大多采用手工和机械化程度很低的采伐方式，制材厂大部分为私人所有，技术水平低、设备简陋，生产的锯材主要用于家具、细木工、建筑等行业。尼泊尔的家具业由于原材料短缺，生产能力低，国内胶合板大部分从印度进口。造纸厂主要利用非木材原料。尼泊尔木制手工艺品生产很普遍，但由于生产者不能稳定地获得高质量木材，出口能力有限。

3. 非木质林产品

尼泊尔主要的非木质林产品包括药用植物、芳香植物、松脂等。药用植物和芳香植物分布于尼泊尔各地，共有 700 多种，它们主要用作药品原料，大部分出口到印度。喜马拉雅长叶松树脂的采集，在尼泊尔较为普遍。狭叶拟金茅是一种生长在尼泊尔亚热带森林中的野草，传统上用于制绳和作为屋顶建筑材料，也可和稻草一起用于造纸。

三、森林生态系统

在尼泊尔，由于其地形和海拔变化多样，从南部平原区的热带阔叶林到北部山区的苔原植被，几乎涵盖各种森林类型（热带雨林除外）。海拔 1 000 米以下是热带林，大部分是娑罗双林；河岸区为儿茶林和印度黄檀林；西部低山区为使君子科的树种；海拔 1 000~2 000 米是亚热带森林，主要树种为喜马拉雅长叶松、旱冬瓜、木荷和栲树；海拔 2 000~3 000 米是温带森林，主要树种为乔松、高山栎，以及杜鹃属、槭属树种；海拔 3 000~4 200 米为亚高山林，主要树种为喜马拉雅冷杉、糙皮桦、杜鹃和印度刺柏；高山区没有森林，但灌木状杜鹃和刺柏在海拔 4 500 米处仍有分布。

尼泊尔毁林和森林退化问题严重。森林退化的主要原因是农民为获取薪材和饲料而进行过度采伐和修剪；森林火灾也是森林退化的主要原因之一。南部平原区森林退化的另一个主要原因是非法采伐。

四、政策法规

1993 年，尼泊尔重新修订和公布了《森林法》，修订后的《森林法》将森林分为两大类，即国有林和私有林，其中国有林按经营目的又可划分为 5 类，分别是：①社区林，指经营权归社区使用的国有林地；②租赁林，指租赁给私营企业、团体、组织和工业部门，主要以木材生产为经营目的的国有林地；③集体林，指由政府经营管理的以满足大众需要为主要目的森林；④防护林，指由政府进行经营，以水土保持和环境保护为主要经营目的的国有林；⑤宗教林，指用于宗教目的的森林，不允许进行商业经营。

为实现林业可持续发展，尼泊尔已经制定和实施了多个与林业相关的计划和政策，如《林业总体规划》（1988）、《尼泊尔生物多样性战略》（2002、2006）、《租赁林业政策》（2002）、《草本和非木质林产品开发政策》（2004）、《植物保护行动》（2007）、《植物保护规则》（2010）、《国家湿地政策》（2012）、《森林侵蚀控制策略》（2012）、《野生动物损害救济指导方针》2012、《尼泊尔可持续发展议程》（2003）、《生物技术政策》（2006）、《国家生物安全框架》（2006）、《气候变化政策》（2011）、《环境友好型地方治理框架》（2013）等。

五、生物多样性

尼泊尔生物多样性丰富，境内共有 6 500 多种植物，1 000 多种野生动物和鸟类。

野生植物主要有两裂狸藻、克里斯托弗狸藻、绥草、红丝姜花、印度石莲花、版纳蝴蝶兰、桫椤、天麻、山苍树等。

野生动物主要有短吻果蝠、大蹄蝠、噪鹛、鹊鸲、银耳相思鸟、红嘴相思鸟、亚洲象、普通猕猴、沙狐、藏狐、孟加拉狐、印度野牛、小灵猫、大灵猫、豹猫、渔猫、果子狸、泽蛙、长颈鹿锯锹形虫、黑眶蟾蜍、孟加拉巨蜥、食蟹獴、细嘴兀鹫、彩雉等。

尼泊尔境内有 26 种哺乳动物、9 种鸟类和 3 种爬行动物受到严格保护，被作为珍稀濒危物种列入世界自然保护联盟（IUCN）红皮书。

为了保护生态系统和基因资源，尼泊尔共划分了 5 类保护区，分别为：①国家公园，是对动植物及其自然环境进行保护、管理和利用的区域；②自然保护区，是对科学研究具有重要生态意义的区域；③野生动物保留地，是对动物和鸟类资源及其栖息地进行保护的区域；④狩猎保留地，是以狩猎为目的对动物和鸟类资源进行可持续利用的区域；⑤保护区，以人类和自然资源的可持续发展为目标进行保护的区域。

迄今为止，尼泊尔划定了 8 个国家公园、4 个野生动物保留地、1 个狩猎保留地和 2 个自然保护区，总面积 210.51 万公顷，占国土面积的 14%。

此外，政府还可以依据《土壤和流域保护法》将任何公有或私有土地划为受保护区域。

六、生态建设

尼泊尔积极开展生态建设，大力发展人工林。印度黄檀是平原区最常见的人工林树种，其他树种还有赤桉、儿茶、柚木和合欢等。喜马拉雅长叶松是山区最常见的人工林树种，近年来旱冬瓜、榕树和樱桃也有种植。

尼泊尔中部丘陵区的大部分土地至今仍为非农耕地，可用于发展私营林业。但是，当前的政策对私人造林重视不够，存在问题较多，主要表现在农民得不到所需要的树种和足够数量的苗木；私人造林需要大量的饲料树种，但政府苗圃却不生产；为了完成造林任务，使用大量低质量的苗木，结果导致社区和私人造林成活率低；农民很难得到有关土壤条件、立地质量和树种选择的信息；政府的林业政策变化频繁，缺乏延续性和鼓励政策；非农用地造林的权属不确定；谷物栽培和人工造林在时间上冲突等。

尼泊尔南部平原区的集约型商品林面积不断扩大，有利于推动当地林产品市场发展，政府应及时出台相应的鼓励政策。

第四章

孟加拉国林业

第四章

建设规划设计

一、国家概况

孟加拉人民共和国简称孟加拉国，位于南亚东北部，在北纬20°34′~26°38′、东经88°01′~92°41′之间。西部、北部、东北部与印度毗邻，东南与缅甸接壤，南部为孟加拉湾。

孟加拉国全国总面积14.8万平方千米。沿海地区面积4.7万平方千米，约占全国总面积的32%。沿海地区包括近海岛屿、泥滩、烧焦区和新冲积层，是孟加拉国人口最稠密的地区。全国总人口1.65亿，是全世界人口密度最高的人口大国，其中超过3 500万人居住在沿海地区。

孟加拉国位于南亚次大陆东北部的三角洲平原上，平原占全国土地面积的85%，东南部和东北部为丘陵地带。最高的山峰是凯奥克拉东峰，海拔1 229米。孟加拉国大部分地区属亚热带季风型气候，湿热多雨，年平均降水量从1 430毫米到4 360毫米不等。全年分为冬季（11月至翌年2月）、夏季（3—6月）和雨季（7—10月）。年平均气温为26.5℃。冬季是一年中最宜人的季节，最低温度为4℃，夏季最高温度达45℃，雨季平均温度30℃。

孟加拉国湿地资源丰富，水道纵横，河运发达，河流和湖泊湿地约占全国面积的10%，被称为"水泽之乡"和"河塘之国"，是世界上河流最稠密的国家之一。沿海多小岛和沙洲。孟加拉国是恒河的入海口，有大小河流230多条，内河航运线总长约6 000千米。

孟加拉族是南亚次大陆古老民族之一。孟加拉地区的最早居民是亚澳人。1757年，孟加拉国沦为英属印度的一个省，1947年印巴分治后，归属巴基斯坦，被称为东巴基斯坦。1971年，脱离巴基斯坦而独立。

孟加拉国是世界上最不发达国家之一，经济基础薄弱，国民经济主要依靠农业；农产品主要有茶叶、稻米、小麦、甘蔗、黄麻及其制品、白糖、棉纱、豆类等；矿藏主要有天然气、煤、钛、锆等。

2018年，孟加拉国的人均GDP为1 698美元。

二、林业概况

孟加拉国环境与林业部管理下的林业部门是管理森林资源的主要机构，负责人工林的营造和维护、国有林地监测、木材供应及外部关系协调等。位于吉大港的林学院和位于锡尔赫特的林业学校负责培训林业技术人员。孟加拉国林业研究院，也位于吉大港，下设森林经营研究所、林产品研究所和服务研究所，是孟加拉国的主要林业研究机构。

2013年，孟加拉国森林面积262万公顷，占全国总面积的17.6%。其中，国有森林235万公顷，私人所有的森林（当地俗称"村庄森林"）27万公顷。国有林中约36%归土地部门管理；其他约64%归环境和林业部管理。森林类型主要包括丘陵林、天然红树林、种植红树林和婆罗双树林等。

孟加拉国森林按地形可分为4种，即山地林、平原林、海岸林和四旁植树。优质林木（主要是柳桉和柚木）、竹子和藤大多分布在山区。柚木是主要的人工林造林树种，橡胶人工林近年来有较大发展。林区拥有丰富的野生动物资源，孟加拉虎闻名于世，此外还有大象、熊、鹿、豹等野生动物。

孟加拉国湿地中，红树林等植物根系可以固着土壤，削弱海浪和水流的冲力，沉降沉积物。然而，在孟加拉国的三角洲地区，由于人口密度大，大部分天然植被已破坏殆尽。目前，孟加拉国政府已认识到红树林对生态安全的重要性，并开始着手制定、实施恢复红树林的宏伟计划。

孟加拉国全国林业产值占国民生产总值的比例不足 5%，人均年木材消费量仅约 0.1 立方米，是世界上人均木材消费量最低的国家之一。目前，孟加拉国森工企业普遍存在原材料短缺、设备陈旧、技术人员不足等问题。

三、政策法规

孟加拉国林业经营已有百年历史。最早的林业政策制定于 1894 年，此后，1955 年、1979 年和 1994 年分别对其进行了修订；其后《森林可持续管理政策》（1995—2015）、《森林法案》（修订）（2000 年）、《社会林业规则》（2004）等陆续出台。

在过去二十年，孟加拉国越来越强调社会林业，提倡小规模、参与式森林管理，以实现森林的可持续发展。通过社会林业，穷人可以获得木材、薪材和生计改善的机会。

私有森林在满足孟加拉国木材、薪材、竹子等需求方面起着重要作用。在木材和薪材供给中，82% 来自私有森林，但因孟加拉国人口众多，木材和薪材的供求差距日益扩大，私有森林退化不断加剧。

孟加拉国曾制定了一项 20 年的林业综合计划（1993—2013），旨在保护和发展本国森林资源，解决林业部门面临的难题。该计划采取新的策略，在林业政策、立法、土地使用权、林产品销售和加工等方面进行了改革。这些改革主要包括加强环境保护；引进合理的林地利用模式；促进公众在资源管理中的参与并提高其收益；扩大资源基础，促进资源高效利用；改进林业管理工作等。

四、生物多样性

孟加拉国是一个生物多样性丰富的国家，大约有133种哺乳动物，711种鸟类，173种爬行动物，64种两栖动物，653种淡水鱼，185种甲壳类动物和323种蝴蝶。孟加拉国的《动植物百科全书（2007—2009）》中，包含了一份孟加拉国植物物种的综合清单，它记录了孟加拉国3 611个被子植物群。

2015年，世界自然保护联盟对孟加拉国1619个物种进行了评估，其中31种（2%）为区域灭绝，56种（3.45%）为极度濒危，181种（11.18%）为濒临灭绝，153种（9.45%）为易危物种，90种（6%）为近危物种，802种（50%）为低度关注；有38种哺乳动物、39种鸟类、38种爬行动物、10种两栖动物、64种淡水鱼、13种甲壳类动物和188种蝴蝶的生存受到威胁。

五、生态建设

孟加拉国林业正在向可持续林业转变。1981年，该国在亚洲发展银行和联合国发展计划署的支持下开展了第一项社会林业工程，工程最重要的目标就是鼓励当地社区参与，用可持续的方法保护、管理和发展森林。

孟加拉国实施的林业综合计划，其主要目标是增加林地面积，提高森林质量，增加国家森林资源总量；严惩森林资源浪费行为；加强保护区森林保护；提高社区对林业的参与度；巩固和提高对森林资源的可持续管理等。

为了保护国家森林资源和珍稀物种，孟加拉国设立了11个野生动物保护区、4个国家公园和1个禁猎区。但由于保护力度不够，非法采伐、毁林开垦和偷猎时有发生，林地退化十分严重。

第五章

不丹林业

一、国家概况

不丹王国简称不丹，位于亚洲南部，是喜马拉雅山东段南坡的内陆国家，西北部、北部与中国西藏接壤，西部、南部和东部分别与印度锡金邦、西孟加拉邦、中国藏南交界，面积3.8万平方千米，人口78.4万。首都廷布。

不丹北高南低，从北至南，依次为北部高山区、中部河谷区和南部丘陵平原区，全国除南部小范围的杜瓦尔平原外，山地占总面积的95%以上。不丹各地海拔高度悬殊较大。不丹全国海拔最低点位于东南地区的马纳斯河，海拔97米；最高点库拉康日山海拔7 554米。不丹冰川主要位于不丹北部的高山地区，占不丹总面积的10%，是不丹河流水资源的重要源头。

不丹南部山区属亚热带气候，湿润多雨，年降水量5 000~6 000毫米；中部河谷区气候温和，年均降水量760~2 000毫米。不丹境内河流流向都是由北向南，主要有阿穆曲河、旺曲河及莫曲河等。

不丹行政区划为4个地区，20个宗（县），202个格窝（乡镇），5 000多个自然村。不丹族是不丹的主体民族，不丹语"宗卡"和英语为官方语言。

农业是不丹的支柱产业，全国可耕地面积占国土总面积的16%，主要农作物有玉米、水稻、小麦、大麦、荞麦、马铃薯和小豆蔻。畜牧养殖较普遍。盛产水果，苹果、柑橘等大量向印度和孟加拉国出口。农业人口占总就业人口的60%。旅游业是不丹外汇的重要来源之一。

2018年，不丹人均GDP为3 360美元。不丹虽然是最不发达国家之一，但却是世界上幸福指数最高的国家之一。

二、林业概况

（一）林业管理

不丹国家农林部是为国民提供最多就业机会的部门。国家农林部下设森林和公园服务厅、农业厅、畜牧厅。森林和公园服务厅是国家层面的森林资源管理机构，下设 5 个职能部门，1 个基于森林保护的研究和培训机构，10 个保护区办公室，以及 14 个区域性森林管理机构。职能部门为地方部门提供技术支持，地方部门则执行职能部门的计划、项目、活动等。

截至 2016 年，不丹全国共有 666 个森林社区，128 个非木质林产品农户组织。当地居民在特定的时间内经营着政府分配的森林和土地。目前，共计 7.3 万公顷的国有土地在社区林业管理系统之下，占国土面积的 1.9%。

（二）森林状况

不丹的森林覆盖率在 1990 年时是 72%，之后数十年间一直保持这个比例，没有太大的变化。目前，不丹的森林覆盖率 71%。不丹全境森林资源丰富，森林总面积约 2.7 万平方千米，森林活立木蓄积量 10 亿立方米。此外，不丹大约 11% 的国土为灌木和其他类型植被所覆盖。

不丹典型的森林植被类型有冷阔叶林、暖阔叶林、冷杉林、亚热带森林、乔松林和西藏长叶松林等。优势树种主要包括冷杉、铁杉、杜鹃花属植物、木兰属植物、槭属植物、乔松、西藏长叶松、栎类、栲类、鳄梨属、香椿属、含笑属植物以及八宝树等。

不丹所有的林地都是国有林地，权属归政府所有。不丹国家宪法明确规定将全国 60% 的森林面积划为永久性保护的森林。此外，有一部分国有林地被批准作为社区林地进行经营，使用期 10 年。在这个期限内，社区森林的林地使用权属于社区，但最终的所有权仍然属于政府。

（三）林业产业

不丹木材产品和非木质林产品的管理主要通过林业管理部门、自然资源开发有限公司和社区森林小组来开展。目前，不丹共有 16 个林业管理部门，1 个伐木公司和 677 个社区森林小组。木材主要通过机械化方式采运，并在木材仓库进行拍卖。

在不丹，锯木用途多样，如制作家具、建造房屋等。有些木材用于生产单板、层板、胶合板或刨花板，或用作木材加工的原材；木材的废料可以作为薪柴。不丹平均每年生产约 260 万立方米木材。

社区森林是不丹林业的重要组成部分。农民通过经营社区森林获益，如收获木材建造房屋，获取薪柴和饲养牲畜所需的饲料，收获各种野生绿色蔬菜，野生水果、坚果，野生食用菌，竹子和竹笋，藤条以及林间溪水中的鱼类等；林下还可以种植可食用的薯类。非木质林产品既是不丹美食佳肴的来源，也是颇具商业价值的产品，是当地农户重要的经济来源。目前，不丹超过 20% 的农户从社区森林经营中受益。

三、政策法规

不丹非常重视环境保护政策的制定和执行。20 世纪 60 年代以前，不丹人民一直在没有任何政府干预的情况下利用自然界中的森林资源。直到 1961 年，不丹开始制定第一个国家五年发展规划。正是从那时起，自然资源管理利用的政策开始在全国实施，规划中将不丹的自然资源全部界定为国家所有。

1969 年颁布的《森林法》是不丹首个关于森林的立法，1974
年颁布的"国家林业政策"是不丹当时最重要的政策文件，
这些法律和政策是不丹有效保护森林资源的重要保障。但是，
当时的《森林法》强调对森林资源的单纯保护，不鼓励对森
林资源进行保护的同时开展可持续利用。

1995 年，不丹的《森林与自然保护法》取代了 1969 年的
《森林法》，其中增加了关于放开可持续利用自然资源的权限
和鼓励社会林业和社区林业的内容。2000 年，不丹又颁布了
《森林和自然保护条例》，并分别在 2003 年和 2006 年进行了修
订。《森林和自然保护条例》的颁布，对于不丹社区林业发展
和私有林地建设起到了极大的促进作用。1974 年颁布的"国
家林业政策"于 2011 年被修订并命名为"不丹国家林业政策
（2011）"。该政策规定：民众须在国家法律和政策规定的范
围内进行非木质林产品的可持续采集和利用。2017 年 1 月，不
丹《森林和自然保护条例》再次被修订增补，并命名为《森
林与自然资源保护条例与规定（2017）》，该条例是目前不丹
在执行的最重要的林业法规。

四、生物多样性

不丹的高山峡谷和复杂多样的地形地貌孕育了丰富的生物
多样性，被认定为全球 10 个生物多样性热点区域之一。不丹
是大约 5 603 种维管植物的家园，其中有 105 种是特有种；有
超过 770 种鸟类和 200 种哺乳动物生活在这里，哺乳动物中大
约有 27 种在全球其他地方已经处于濒危状态（FAO，2015）。

不丹全国的地理区域几乎都在保护地系统管理之下。全国
保护区域共计 12 处，分属不同的保护地类型，如国家公园、
野生动物保护区、严格的自然保护区、生物廊道、皇家植物园

和社区森林等。这些保护地内生活的珍稀濒危物种包括 21 种
哺乳动物、18 种鸟类和 144 种植物。

兰花、野罂粟和罕见的雪豹在不丹均有分布；南亚虎通常
出没于低海拔的森林地带，但在不丹，它的踪迹却出现在海拔
三四千米的雪线之上。

五、生态建设

森林资源的主管部门——森林和公园服务厅是不丹国家层
面的森林资源管理机构。该部门认为保护和经营不丹的森林资
源和生物多样性，可以提高社会、经济和环境福利；无论何种
条件下都要保证至少 60% 的林地为森林所覆盖。在不丹第五个
五年规划（1981—1986）之前，林业为国家所做的经济贡献排
在所有行业前列。但是现在，林业已经成为对国家 GDP 贡献
最小的行业之一。从 2008—2015 年，林业对不丹 GDP 的贡献
率平均每年只增长大约 0.075%。多年来，由于不丹一直坚持
造林绿化，森林没有像南亚其他国家一样出现明显退化。

第六章

斯里兰卡林业

一、国家概况

斯里兰卡民主社会主义共和国简称斯里兰卡，旧称锡兰，是南亚次大陆南端印度洋上的岛国，西北隔保克海峡与印度半岛相望，被称为"印度洋上的明珠"。中国古代曾经称其为狮子国、师子国、僧伽罗。斯里兰卡国土面积 6.6 万平方千米。2017 年，斯里兰卡人口 2 144 万。

斯里兰卡分为 9 个省、25 个县。9 个省分别为西方省、中央省、南方省、西北省、北方省、北中央省、东方省、乌瓦省和萨巴拉加穆瓦省。斯里兰卡为多民族国家，有僧伽罗族、泰米尔族、摩尔族等民族，其中，僧伽罗族占 74.9%，泰米尔族占 15.4%，摩尔族占 9.2%，其他民族占 0.5%。

斯里兰卡中南部是高原，其中的皮杜鲁塔拉格勒山海拔 2 524 米，是全国最高点。北部和沿海地区为平原，其中北部沿海平原宽阔，南部和西部沿海平原相对狭窄，海拔均约 150 米。

斯里兰卡属热带季风气候，终年如夏，年平均气温 28℃。各地年均降水量 1 283~3 321 毫米，其中西南部为 2 540~5 080 毫米，西北部和东南部则少于 1 250 毫米。沿海地区平均最高气温 31.3℃，平均最低气温 23.8℃。山区平均最高气温 26.1℃，平均最低气温 16.5℃。斯里兰卡无四季之分，只有雨季和旱季，雨季为每年 5—8 月和 11 月至翌年 2 月，即西南季风和东北季风经过斯里兰卡时。

斯里兰卡河流众多，主要河流有 16 条，大都发源于中部山区，流域短且流势湍急，但水流量很丰富。最长的河流是马哈威利河，全长 335 千米，在亭可马里港附近流入印度洋。东部平原地区，湖泊星罗棋布，其中巴提卡洛湖最大，面积 120

平方千米。

斯里兰卡主要矿藏有石墨、宝石、钛铁、锆石、云母等。斯里兰卡有"宝石王国"的美称，是世界前五名的宝石生产大国，被誉为"宝石岛"，以红宝石、蓝宝石及猫眼最为著名。

斯里兰卡经济以农业为主，主要作物有茶叶、橡胶、椰子和水稻。工业基础薄弱，以农产品和服装加工业为主。该国最重要的出口产品是锡兰红茶，是世界三大产茶国之一。渔业、林业和水力资源丰富。

2018 年，斯里兰卡人均 GDP 为 4 102 美元。

二、林业概况

1. 林业管理

目前，斯里兰卡发展和环境部林业司是斯里兰卡林业管理的国家机构。

斯里兰卡人口的迅速增长对森林资源构成巨大压力。从 1900 年到 1992 年，斯里兰卡每平方千米的人口数量从 54 人增加到 269 人，森林覆盖率则从 70%下降到 22%。近年来，随着斯里兰卡对林业建设重视程度的不断提高，森林资源得到一定程度的恢复，但森林资源管理面临的形势依然严峻。

1956 年，斯里兰卡开展了第一次基于空间数据的系统性森林覆盖评估，此项工作由加拿大狩猎调查公司承担，该公司利用航片对斯里兰卡的土地使用和森林覆盖进行了全岛域测绘，并于 1960 年出版了第一张斯里兰卡森林覆盖地图。

20 世纪 70 年代末 80 年代初，由瑞士遥感中心提供技术支持，斯里兰卡以卫星图像为基础，绘制了一系列土地利用地图。

20世纪80年代前后，斯里兰卡政府和社会各界普遍认识到植树造林、恢复和保护森林的重要性。此后，为了解决森林砍伐和森林退化问题，斯里兰卡实施了多种林业项目，如由全球环境基金和联合国开发计划署资助的为保护独特生物多样性而实施的斯里兰卡西南部雨林项目，由世界银行资助的森林资源开发项目，由亚洲开发银行资助的社区林业项目、上游流域管理项目，由世界银行、英国国际发展署资助的参与式森林管理项目等。

1980年，斯里兰卡在林业部专门设立了林业推广部门，以引导和推动社会林业发展。

在此基础上，斯里兰卡林业部门在1999年和2010年，分别对全国的森林状况进行了全面评估。

2. 森林状况

斯里兰卡曾经是一个森林茂密的国家，直到20世纪初，大约有3/4的国土面积被天然森林覆盖。1900年，斯里兰卡森林覆盖率高达70%；1956年下降到44%；1992年下降到22%。森林砍伐和森林退化的主要原因是人口快速增长。

根据2010年开展的全国森林状况评估结果，斯里兰卡天然林面积为1 951 473公顷，占陆地面积的29.7%。此外，大约有75 000公顷的人工林，主要树种包括柚木、桉树、松树和桃花心木等，约占陆地面积的1%。橡胶和椰子种植园以及其他农林复合系统、家庭居所林木等，约占陆地面积的20%，在此次评估中未被作为森林面积进行统计。

根据世界银行的评估，2011年斯里兰卡林业对国内生产总值的年贡献率约为0.44%，是历史上最低的一年；1978年，林业对国内生产总值的贡献率为3.35%，是历史上最高的一年。但是，这一数值仅仅考虑了木材产值在 GDP 中所占的比例，未将非木质林产品产值，以及森林的生态服务价值计算在内。因此，斯里兰卡林业对国内生产总值的年贡献率应远高于世界银行的评估值。

根据联合国粮农组织的统计数据，斯里兰卡森林面积在1990—2000 年每年减少 27 万公顷，年减少率为 1.2%；2000—2005 年每年减少 30 万公顷，年减少率为 1.47%；2005—2010年，森林面积每年减少 15 万公顷，年减少率为 0.77%。毁林开荒、为获取薪材和饲料进行过度采伐以及非法采伐是造成森林减少的主要原因。

斯里兰卡的森林所有权主要有两种类型：公有林和私有林，其中公有林面积 181 万公顷，占森林总面积的 93%；私有林面积 14 万公顷，占 7%。

3. 森林类型

根据世界粮农组织 2011 年公布的数据，斯里兰卡的森林，按照气候带可以划分为 3 种类型：①干旱季雨林，分布在北部及东南部，可生产高质量的木材，主要树种包括桃花心木、乌木、核果木和扁担杆属植物；②湿润季雨林，分布在干燥及湿润地带的中间地区，主要树种包括印棟和大花紫薇；③低地雨林及亚高山林，分布在西南部及中央高地，主要树种包括风吹楠、刺果树、荨麻属和坡垒属植物等。

斯里兰卡的森林，按照功能可以分为 4 种类型：①用材林，占 9%；②水土保持林，占 1%；③生物多样性保护林，占30%；④多用途林，占 60%。

斯里兰卡最常见的人工林树种是柚木，其次是桉树（以巨桉为主）、加勒比松和桃花心木。薪炭林（以赤桉为主，兼有部分金合欢和细叶桉)、杂木阔叶林和柚木林主要分布于干旱地区;桉树林(以巨桉为主,兼有部分小帽桉、蓝桉和大叶桉)和松树林(以加勒比松和展叶松为主)主要分布于较高海拔地区及加勒林区;桃花心木人工林主要位于库鲁内格勒和凯格勒地区。

4. 林业产业

(1)木质林产品

根据联合国粮农组织 2011 年对木质林产品的统计数据,在 2007—2011 年,斯里兰卡工业原木产量基本保持在每年 600 万立方米左右并逐年略有下降,但是锯材产量年均仅 6 万立方米左右,胶合板产量自 2008 年稳定在 16 万立方米左右。

斯里兰卡有近一万家木材加工企业,大多数木材加工企业规模小,技术落后,生产能力有限,产品主要面向国内市场,只有一小部分产品出口。斯里兰卡木材加工业面临的最大问题是木材短缺。国内制材厂和胶合板厂的生产潜力不高,导致林产品供需矛盾日益突出。目前,斯里兰卡林产品加工存在着诸多问题,如政策不稳定;市场和工业信息平台缺乏,市场流通不畅;管理粗放;设备改良资金不足,机械化程度低;能源不足且费用高昂;缺乏技术支持,生产成本日益提高而原材料利用率低等。

根据联合国粮农组织林产品年鉴的统计数据,斯里兰卡木制品贸易量很少,进口的林产品主要是锯材、单板、纸和纸板。2007—2011 年,斯里兰卡每年锯材进口量在 2 万立方米左右,单板进口量在 4 万立方米左右,纸和纸板在 35 万立方米左右,变化不大。仅有极少量的原木、锯材出口,年均出口量仅 3 000 立方米左右。

（2）非木质林产品

在斯里兰卡乡村经济中，非木质林产品发挥着重要作用，大约有1 400万乡村居民依靠森林所提供的各种非木质林产品为生。与非木质林产品有关的知识、技能、社会风俗和传统代代相传，形成了斯里兰卡传统文化的一部分。

与木质林产品不同，斯里兰卡的非木质林产品贸易十分活跃。斯里兰卡是世界上红茶生产和出口第一大国，茶叶的品质和质量位居世界首位，是斯里兰卡最重要的出口创汇产品，主要出口俄罗斯和中东，其红茶在国际上的品牌为"锡兰茶"（Ceylon Tea），享有高溢价，拍卖价格比竞争对手印度茶叶高50%以上。其次，斯里兰卡是天然橡胶出口大国。受中国、美国、欧盟和印度橡胶市场需求增长的影响，斯里兰卡天然橡胶价格持续走高。此外，斯里兰卡花卉贸易发展迅速，主要品种包括安祖花、玫瑰花和兰花等；其鲜花在日本、法国、英国等国非常畅销，贸易前景良好。

藤本植物：斯里兰卡天然林内分布着种类丰富的藤本植物，是当地藤制品手工业发展的重要原料。斯里兰卡所有的藤本植物均属省藤属，其中80%为特有种。大多数藤本植物生长于天然林，仅在小范围内有种植。除2种分布在干旱地区外，其余均分布在低地雨林保护区内。藤本植物对其分布区附近的社区生计改善作用重大。然而，由于藤本植物资源日益枯竭和高品质藤材严重短缺，斯里兰卡藤制家具业已开始从印度尼西亚、新加坡和马来西亚进口高品质藤材，进口量占总消费量的80%。

药用植物：斯里兰卡有1 000多种传统药用植物，其中50%以上采自天然林。近年来，由于过度采集，许多重要的药用植物已濒临灭绝。

竹类植物：斯里兰卡约有 30 种竹类植物，其中 1 属 8 种为本地种，大多为灌木状；其余 20 多种为引进种，其中 7 种已广泛栽培。竹材主要用于手工业和建筑业，龙头竹是制作竹手工艺品的常用种，也是建筑业最重要的竹材。

食用植物：酒鱼尾葵是斯里兰卡民众喜爱的食用植物，其树液是广受欢迎的当地啤酒的原料；酒鱼尾葵的树液采集在斯里兰卡历史悠久，是重要的古代传统贸易产品之一。此外，斯里兰卡椰子也非常有名，2012 年椰子喜获丰收，产量达 30 亿个。

（3）生态旅游和林业科研

从 20 世纪 90 年代中期开始，生态旅游逐渐成为斯里兰卡林区的一个重要服务项目，特别是斯里兰卡的国家公园每年都吸引大量国内外游客前往。此外，斯里兰卡高校、科研机构和各种环境团体的学生和研究人员，利用森林积极开展各类林业研究，例如辛赫拉惹森林保护区已成为最受欢迎的林业研究基地之一。

三、政策法规

1. 国家林业政策

斯里兰卡很重视林业发展。目前实施的国家林业政策制定于 1995 年，核心是实现森林的可持续经营，保护重要的生态系统并确保可持续提供林产品和其他生态服务。同时，该政策也强调尊重林区居民的传统权利、文化价值观和宗教信仰，鼓励在保护区与当地居民开展合作经营。

斯里兰卡国家林业政策主要有 3 个目标：一是保护森林，尤其注重生物多样性保护，水土保持，以及森林的历史、文化、宗教和美学价值；二是提高森林覆盖率和生产力，以满足当代及子孙后代对林产品和森林服务的需求；三是提高林业对国家经济的贡献率，尤其是提高森林对林区居民福利的贡献率。

2. 林业发展总体规划

1986 年，斯里兰卡制定了第一个林业发展总体规划。1989年，斯里兰卡政府实施了一个环境评估项目，基于该评估项目的结果，斯里兰卡于 1995 年制定了目前正在实施的林业发展总体规划，规划期从 1995 年至 2020 年。

斯里兰卡林业发展总体规划的要点包括以下几个方面：保护现有的天然林以维护生物多样性；赋权给林区居民和当地社区，鼓励其经营和保护多用途森林并从中获取收益；在林业开发活动中建立伙伴关系；发展庭院林业、农用林业和人工林，以满足人们的基本需求并确保木材供应；发展和强化林业管理体系，提升管理水平；政策和法律改革。

3. 林业法律体系

斯里兰卡与林业相关的法律主要有《森林条例》《国家遗产和荒野保护区法》《动植物保护条例》等，现简介如下。

（1）《森林条例》

1885 年，斯里兰卡制定了第一部《森林条例》，该条例主要强调控制木材的采伐和运输，其后经过多次修订。截至目前，最后一次修订是在 2009 年，现行条例强调森林资源保护和可持续森林经营，重视当地社区参与森林经营和通过森林协议获取收益的权利。该条例由斯里兰卡林业部门负责实施。

（2）《国家遗产和荒野保护区法》

该法令于 1988 年通过，强调对独一无二的生态系统、遗传资源和具有重要自然特征的森林的保护。该条例也由斯里兰卡林业部门负责实施。

（3）《动植物保护条例》

该条例最初制定于 1937 年，其后历经修订。截至目前，最后一次修订是在 2009 年。该条例强调在国家保留地和保护区，某些情况下也包括私有地，对野生动植物开展保护。此外，该条例禁止和控制对某些野生动物出口。该条例由斯里兰卡野生动植物保护司负责实施。

另外，《国家环境保护法》《土壤保护法》《土地法》等也涉及部分林业管理的内容。

四、生物多样性

斯里兰卡面积不大，但它被公认是亚洲地区哺乳动物、爬行动物、两栖动物、鱼类和开花植物丰度最高的地区之一，其鸟类的密度仅次于马来西亚；斯里兰卡蕨类植物种类密度仅次于我国台湾。斯里兰卡是世界上 34 个生物多样性热点地区之一，特别是斯里兰卡西南地区，因为该地区诸多物种濒临灭绝，被称为"热点中的热点"。

斯里兰卡有 214 科 1 522 属 4 143 种开花植物、300 多种蕨类植物、400 多种鸟类、近 100 种哺乳动物及 160 多种爬行动物，其中 26% 的开花植物、76% 的陆地蜗牛、60% 的两栖动物和 49% 的爬行动物是特有物种。

斯里兰卡 90% 以上的龙脑香科、猪笼草科和杯轴花科植物是特有种。80% ~ 90% 野牡丹科、金丝桃科物种是特有种；70% ~ 80% 樟科、漆树科、天南星科、木棉科、五桠果科和苦苣苔科物种是特有种；60%～70%棕榈科和柿树科物种是特有种。

为了保护生物多样性，斯里兰卡已经建立起保护区网络。1975 年，斯里兰卡林业部门建立了"人与生物圈"保护区网络；20 世纪 90 年代中期，森林保护区网络已扩大到湿润和半湿润地区，野生动物保护网络也得到了扩展，大部分保护网络位于马哈威利河谷盆地及相邻地区，主要目的是保护动物栖息地。这些保护区分别由林业部门和野生动物保护部门管理。其中最重要的生物多样性保护区位于辛哈拉加，其面积 60 平方千米，位于斯里兰卡西南部，是斯里兰卡仅存的一片原始热带雨林；它不仅是斯里兰卡最大的国家森林公园，也是世界上最重要的动植物保护区之一，已被列为人与生物圈计划，并入选世界自然遗产名录。目前，斯里兰卡正在进一步强化生物多样性保护，已经暂停了所有天然林的采伐活动。

五、生态建设

为减轻天然林压力，斯里兰卡不断扩大人工林种植面积。1965—1984 年，主要营造的是加勒比松人工林，1966—1976 年在高海拔地区主要营造展叶松人工林。在干旱地区，大面积的柚木种植一直持续到 20 世纪 80 年代。20 世纪七八十年代，赤桉和细叶桉在干旱地区开始大面积种植，大叶相思和印度楝的种植面积也随之增加。20 世纪 80 年代重要的林业项目之一就是由亚洲开发银行资助的社会林业项目，其目的是促进斯里兰卡薪炭林和农用林发展。20 世纪 90 年代以来，林业部门的年造林面积有所下降，同时人工林营造林越来越依赖外国投资。

除营造人工林，林业部门还在退化的天然林中进行人工造林；在参与式林业计划中，鼓励与农民签订短期林地租赁协议，农民的造林积极性因此提高，主动开展庭院种植，建立农民林场。1995 年，斯里兰卡还推行了一项新举措，即通过签订 30 年的长期土地租赁协议，鼓励个人或机构在贫瘠的土地上营造人工林。

斯里兰卡大力开展自然保护区建设，由林业部门和野生生物保护部门管理的各类保护区面积 184.6 万公顷，占国土总面积的 28.5%，其中林业部门管理 106.4 万公顷，占国土面积的 16.1%；野生生物保护部门管理 78.2 万公顷，占国土面积的 12.4%。

此外，斯里兰卡依托其丰富的森林、野生动植物资源，积极开展生态旅游，吸引国内外游客。目前，生态旅游已成为有效推动斯里兰卡经济发展的优先领域，2016 年，斯里兰卡外国游客数量已突破 250 万人次，生态旅游成为斯里兰卡主要的外汇收入来源之一。

主要参考文献

国家林业局防治荒漠化管理中心 . 2018. 国外荒漠化防治
（上册）［M］. 北京：中国林业出版社.

国家林业局防治荒漠化管理中心 . 2018. 国外荒漠化防治
（下册）［M］. 北京：中国林业出版社.

胡健 . 2017. "一带一路" 国家经济社会发展评价报告
（2016）［M］. 北京：中国统计出版社.

胡俊锋，李仪，张宝军，等 . 2014. 亚洲自然灾害管理体
制机制研究［M］. 北京：科学出版社.

李世东 . 2007. 世界重点生态工程研究［M］. 北京：科学
出版社.

李智勇，斯特芬·曼（德），叶兵 . 2009. 主要国家《森
林法》比较研究［M］. 北京：中国林业出版社.

联合国粮食及农业组织 . 2018. 世界森林状况［R］. 罗马：
联合国粮食及农业组织 .

陕西省统计局 . 2017 "一带一路" 国家统计年鉴［M］. 北
京：中国统计出版社.

王正立，郭文华 . 2011. 世界部分国家土地管理机构 M］.
北京：中国大地出版.

徐斌，张德成，等 . 2011. 2010 世界林业热点问题［M］.
北京：科学出版社.

杨善民 . 2017. "一带一路" 环球行动报告（2017）［R］.
北京：社会科学文献出版社.

杨言洪 . 2016. "一带一路" 黄皮书［M］. 银川：华夏人
民出版社.

朱永杰，周伯玲 . 2017. 世界林业简史［M］. 北京：科学出
版社.

Bukhari S S, Haider A, Laeeq, M T. 2012. Land Cover Atlas

of Pakistan [M]. Pakistan Forest Institute Peshawar, Pakistan.

FAO. 2010. Global Forest Resources Assessment 2010 [R]. Roma: FAO.

FAO. 2014. State of the World's Forests 2014: Enhancing the socioeconomic benefits from forests [EB/OL]. Rome: FAD. http://www.fao.org/3/a-i3710e.pdf.

FAO. 2015. Global Forest Resources Assessment 2015 [R]. Roma: FAO.

FAO. 2016a. 2015 Global forest products facts and figures [EB/OL]. Rome: FAO, http://www.fao.org/3/a-i6669e.pdf.

FAO. 2016c. State of the World's Forests 2016. Forests and agriculture: land-use challenges and opportunities [EB/OL]. Rome: FAO, http://www.fao.org/3/a-i5588e.pdf.

FAO. 2017c. Forests and energy [EB/OL]. Rome FAO. http://www.fao.org/3/a-i6928e.pdf.

FAO. 2018. Potential implications of corporate zero-net deforestation commitments for the forest industry [EB/OL]. http://www.fao.org/forestry/46928 - 0203e234d855d4dc97a7e7 aabfbd2f282.pdf.

Ministry of Climate Change. 2016. National Forest Policy 2011 of Pakistan [EB/OL]. [2016 - 11 - 09]. http://www.mocc.gov.pk/.

Ministry of Finance. 2016. Economic survey of Pakistan 2014-15 [EB/OL]. [2016-12-28]. http://www.finance.gov.pk/survey_ 1415.html.

UNEP. 2017. Global review of sustainable public procurement [EB/OL]. United Nations Environment Programme. https: // wedocs. unep. org/bitstream/handle/20. 500. 11822/20919/ GlobalReview_ Sust_ Procurement. pdf.

Wani B A. 2016. Forest Policies and Forest Policy Reviews. EC-FAO Partnership Program (2000—2002) [EB/OL]. [2016-10-16]. http: //climateinfo. pk.

World Bank. 2017. World Development Indicators 2017. [R]. Washington, DC: The World Bank Group.

WRI. 2017. Global forest water watch [EB/OL]. http: // www. wri. org/our - work/topics/water. Accessed: 12 September 2017.